中国气象大数据

（2018）

中国气象局

气象出版社
China Meteorological Press

图书在版编目(CIP)数据

中国气象大数据. 2018 / 中国气象局编. -- 北京 ：
气象出版社，2018.11

ISBN 978-7-5029-6883-0

Ⅰ.①中… Ⅱ.①中… Ⅲ.①气象数据－数据处理－
中国 Ⅳ.①P416

中国版本图书馆 CIP 数据核字(2018)第 274520 号

中国气象大数据(2018)

中国气象局 编

出版发行：气象出版社

地　　址：北京市海淀区中关村南大街 46 号　　**邮政编码**：100081

电　　话：010-68407112(总编室)　010-68408042(发行部)

网　　址：http：//www.qxcbs.com　　**E-mail**：qxcbs@cma.gov.cn

责任编辑：陈凤贵　　**终　　审**：吴晓鹏

封面设计：小力工作室　　**责任技编**：赵相宁

责任校对：王丽梅

印　　刷：北京地大彩印有限公司

开　　本：710 mm×1000 mm　1/16　　**印　　张**：3.75

字　　数：45 千字

版　　次：2018 年 11 月第 1 版　　**印　　次**：2018 年 11 月第 1 次印刷

定　　价：19.00 元

前言/PREFACE

中共中央、国务院高度重视大数据在经济社会发展中的作用，在国家“十三五”规划中把大数据上升到了国家战略。习近平总书记强调，要推动实施国家大数据战略，加快完善数字基础设施，推进数据资源整合和开放共享，保障数据安全，加快建设数字中国，更好服务我国经济社会发展和人民生活改善。

气象大数据作为国家大数据基础性战略资源的重要组成部分，早已融入到经济社会各领域发展中，在国家防灾减灾救灾、生态文明建设、“一带一路”发展等建设中发挥着重要作用。

为便于社会公众更好地了解和应用气象大数据，进一步挖掘和提升气象大数据的价值，中国气象局组织编写了《中国气象大数据（2018）》。

中国气象局

2018 年 11 月

目录/CONTENTS

前言

一、什么是气象大数据 …………………… 3

二、气象大数据资源现状 …………………… 9

三、气象大数据共享服务 …………………… 23

四、气象大数据共享应用成效 ……………… 31

五、气象大数据发展展望 …………………… 49

附录　气象大数据相关网址 ………………… 53

大数据将成为下一个创新、竞争和生产力提高的前沿。我国高度重视并积极推进大数据战略，2015 年 8 月国务院出台《促进大数据发展行动纲要》，制定了我国大数据发展的顶层规划。2015 年 10 月，十八届五中全会通过“十三五”规划，正式把大数据发展上升到国家战略层面。2015 年 9 月，中国气象局发布《基本气象资料和产品共享目录（2015 年）》，向全社会免费提供 5 类 17 种基本气象资料和产品。2017 年 12 月，中国气象局发布《气象大数据行动计划（2017—2020）》，推动气象大数据从大气科学向多学科融合、从自然科学向社会科学融合方向过渡，促进气象大数据在国家防灾减灾救灾体系建设、生态文明建设、“一带一路”倡议中发挥更加重要的作用。

一、什么是气象大数据

气象大数据是指在气象领域，围绕智能预报和智慧服务，从气象数据采集、加工处理、预报预测、共享服务、存储归档等气象业务和科研工作各个环节所产生的各类数据的总和及相关技术和应用的总称。气象大数据的主要来源有三类：气象观测数据、气象产品数据和互联网气象数据（表 1-1）。

表 1-1　气象大数据组成

类别	名称	说明
第一类	气象 观测数据	按照气象观测规范，通过各种可能的观（探）测、遥测手段收集或加工处理得到的，来自地球大气圈及其他相邻圈层的，描述与大气及其变化有关的物理和化学状态的信息元素①
第二类	气象 产品数据	通过数据质量控制、统计加工、遥感处理技术、多源数据融合分析、资料同化与再分析等关键技术，建成的涵盖地基、空基、天基的多圈层、长序列、高质量的三维业务和服务产品

① 《中国气象百科全书》总编委会．中国气象百科全书·气象观测与信息网络卷［M］．北京：气象出版社，2016.

续表

类别	名称	说明
第三类	互联网气象数据	包括第三方（研究机构、合作组织、企业等）、志愿者或个人搭建气象探测设备、智能终端搭载气象要素传感设备获取的探测数据，以及拍摄上传的天气状态、气象灾害灾情照片等社会化气象数据；搜索引擎对气象相关敏感词的统计分析数据；气象信息传播主体、服务用户反馈信息等①

气象大数据具有类型多（Variety）、体量大（Volume）、更新快（Velocity）、质量高（Veracity）、价值高（Value）等5个特征（简称“5V”特征）（图1-1）。

（1）类型多（Variety）。从直接观测到遥感遥测，从大气物理变化到大气化学变化的观测，从大气圈到海洋等多圈层的观测，既包括定点观测结构化数据，也包括图片、档案、音视频等非结构化数据以及图、文、数混编的半结构化数据。

（2）体量大（Volume）。时间序列长，空间覆盖广，而且产品体系完备。

（3）更新快（Velocity）。采集频率高，处理速度快，达到分钟级甚至秒级。

（4）质量高（Veracity）。制定了气象数据资源和应用标准规范，建立了业务化的质量控制体系，常规资料质控覆盖率超过95％。

（5）价值高（Value）。气象与经济各行各业、人们生产和生活

① 气象信息化战略研究课题组．气象信息化发展战略——研究与探索［M］．北京：气象出版社，2016.

联系紧密，融合其他数据可以产生巨大价值。

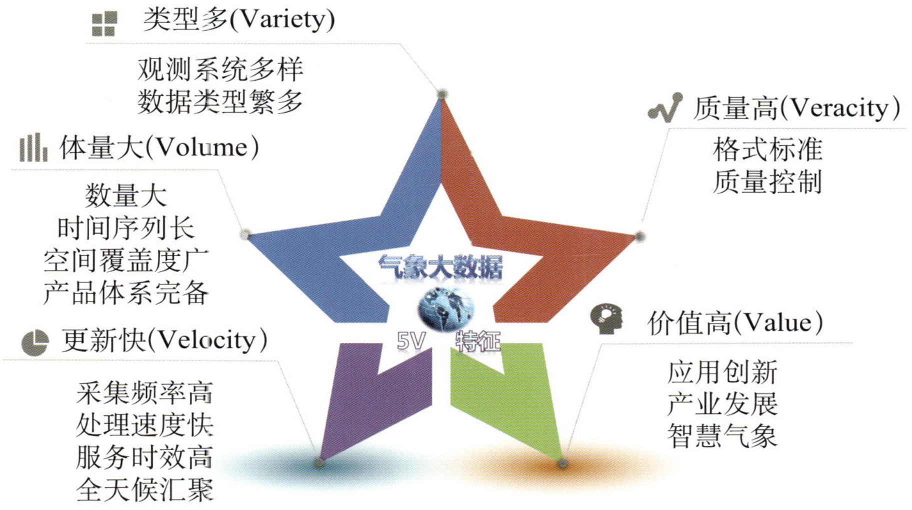

图 1-1　气象大数据“5V”特征

二、气象大数据资源现状

（一）气象观测数据

中国气象局收集和管理的气象观测数据包括中国和全球范围的直接观测数据、遥感遥测数据、科学考察（试验）数据等，数据资源属性见表 2-1。

表 2-1　数据资源属性

属性类别	数据资源属性
来源属性	按照数据来源不同，分为气象部门数据、气象部门外数据
空间属性	按照空间覆盖范围不同，分为国外气象数据、中国气象数据
时间属性	按照时间分辨率不同，分为秒、分钟、小时、定时、逐日、逐候、逐旬、逐月、逐年、30 年累年统计数据
内容属性	按照气象行业标准《气象资料分类与编码》（QX/T 102—2009）分为地面、高空、辐射、海洋、农业气象和生态气象、大气成分、卫星、雷达、数值模式、气象灾害、科学考察（试验）数据、历史气候代用、气象服务产品和其他气象资料
形态属性	按照数据存在形态的不同，分为站点数据、网格点数据、文档类数据、图片类数据和视频类数据

1. 直接观测数据

包括通过观测仪器与大气、水、土壤等被测物体相互接触获取的数据，以及通过自然证据、历史文献及考古数据等直接获取的数据①。按照《气象资料分类与编码》（QX/T 102—2009），直接观测数据包括地面、高空、气象辐射、海洋、农业和生态气象、大气成分、气象灾害和历史气候代用 8 类②。

目前，可用于全球气候分析、天气预报的地面天气气候站网共 11000 站，高空天气气候站网共 1300 站；可用于我国气候分析、天气预报的国家天气气候站网共 2170 站。

2. 遥感遥测数据

是指观测仪器基于电磁波、声波、光波等与被测物体发生相互作用，通过测量电磁波信息反演被测物体特征而获取的数据①。主要包括卫星、空间天气、雷达、导航卫星遥感探测（GNSS/MET）、闪电定位、微波辐射和雨滴谱数据。

（1）卫星探测数据。是指利用人造地球卫星搭载的仪器对地球表面和地球大气进行遥感探测，获取的地球大气物理和化学状态信息①。中国气象局已经成功发射 17 颗风云气象卫星（包括 9 颗静止轨道气象卫星和 8 颗极地轨道气象卫星）。除风云气象卫星数据外，中国气象局还收集存储了我国二氧化碳科学实验卫星、高分卫星（1-5）、环境减灾卫星（A/B/C），以及美国、日本和欧洲多颗卫星的遥感数据。

（2）空间天气数据。是指对地球大气层高层（30 千米以上）到太阳的整个日地系统范围内的空间天气状况及其变化过程进行系统、连续观测获取的数据①。中国气象局已形成基于风云气象卫星

---

① 《中国气象百科全书》总编委会．中国气象百科全书·气象观测与信息网络卷［M］．北京：气象出版社，2016.

② 中国气象局．气象资料分类与编码（QX/T 102-2009）［S］．北京：气象出版社，2009.

和地基专业观测相结合的空间天气观测网。

（3）雷达数据。是指通过气象雷达探测地球大气获得的大气介质、云、降水粒子等气象目标的空间位置、形状、尺寸、移动和演变等数据①。中国气象局收集存储的雷达数据包括多普勒天气雷达数据、风廓线雷达数据和气溶胶激光雷达数据。

（4）GNSS/MET 探测数据。利用全球卫星导航系统发射的载波信号，由地面或低轨卫星接收设备接收，通过计算电磁波穿过大气层过程中的时间延迟获得大气折射率，进而获取大气可降水量、温度、湿度及电离层电子密度等探测数据①。风云 3 号气象卫星搭载了星载掩星接收机，能够获取掩星观测和大气温湿度廓线数据。

（5）闪电定位数据。对发生于大气中的瞬时高电压、大电流、强电磁辐射等闪电现象进行测定，通过对闪电辐射的声、光、电特性进行测量进而确定的闪电放电空间位置和放电参数数据①。中国气象局组建了地基云地闪观测网，能够观测记录闪电发生时间、闪电位置、闪电电流强度、闪电陡度等。

（6）其他遥感遥测数据。主要包括微波辐射和雨滴谱等遥感遥测数据。微波辐射探测数据是指通过接收微波波段电磁辐射的探测仪器进行大气或地球表面的遥感探测获取的数据①，包括微波探测器（用于大气垂直廓线探测）和微波成像仪（用于地表、海表探测）。雨滴谱探测数据主要通过雨滴采样获取雨滴谱数据，包括雨滴直径、雨滴速度及雨滴数量等。

3. 科学考察（试验）数据

是指在科学试验和专项考察中观测获得的各种气象数据及其衍

① 《中国气象百科全书》总编委会．中国气象百科全书·气象观测与信息网络卷［M］．北京：气象出版社，2016.

生信息①。中国气象局多年来完成了多项国家级科学试验和科学研究项目，获取了大量珍贵的多学科外场科学试验数据，为解决我国重大灾害性天气气候预测理论技术难题、追踪国际大气科学前沿研究、提升气象业务综合能力等积累了重要的基础数据资源。

（1）青藏高原科学考察试验数据。1979 年以来，中国气象局先后组织开展了 3 次青藏高原科学考察试验。第一次青藏高原科学试验（1979 年）主要针对近地层辐射平衡与大气结构开展外场观测；第二次青藏高原科学试验（1998 年）主要针对高原地气物理过程与大气结构进行外场观测；第三次青藏高原科学试验（2014—2018 年）主要开展陆面—边界层—对流层—平流层相互作用以及对区域气候的影响观测。3 次青藏高原科学考察获取的数据及衍生产品涵盖了边界层、高空、雷达、飞机、卫星、土壤水分、大气成分及再分析等。

（2）暴雨试验数据。主要包括长江流域梅雨锋暴雨外场科学试验（2001—2002 年）、中国南方暴雨外场科学试验（2008—2009 年）、华南季风降水试验与研究（2013—2014 年）。这些试验对不同类型暴雨进行了针对云、水、汽等的精细化三维结构观测，获取的数据及衍生产品涵盖了地面、探空、闪电、雷达、卫星、边界层、GPS 水汽、数值模式等。

（3）淮海流域能量与水分循环试验数据。中国气象局分别于 1998 年、1999 年两次开展了“淮河流域能量与水分循环试验和研究”，获取的数据及衍生产品涵盖了地面、高空、雷达、卫星、边界层等。

---

① 《中国气象百科全书》总编委会．中国气象百科全书·气象观测与信息网络卷［M］．北京：气象出版社，2016.

（4）南海季风试验数据。1997—1999 年中国气象局联合周边国家及地区，共同开展了“南海季风试验”，获取的数据及衍生产品涵盖了地面、高空、雷达、海洋、卫星等。

（5）极地气象科学考察数据。包括南、北极气象站观测数据和北冰洋浮冰站等观测数据，获取的数据及衍生产品涵盖了地面、高空、辐射及大气环境等。

（二）气象产品数据

中国气象局通过发展完善观测数据质量控制、遥感数据处理、多源数据融合分析、资料同化与再分析等关键技术，建成了涵盖海洋、陆地及高空的三维业务和服务产品体系，数据产品主要包括基础加工产品、遥感反演产品、融合分析产品、再分析产品、预报预测产品及公共服务产品（图 2-1）。

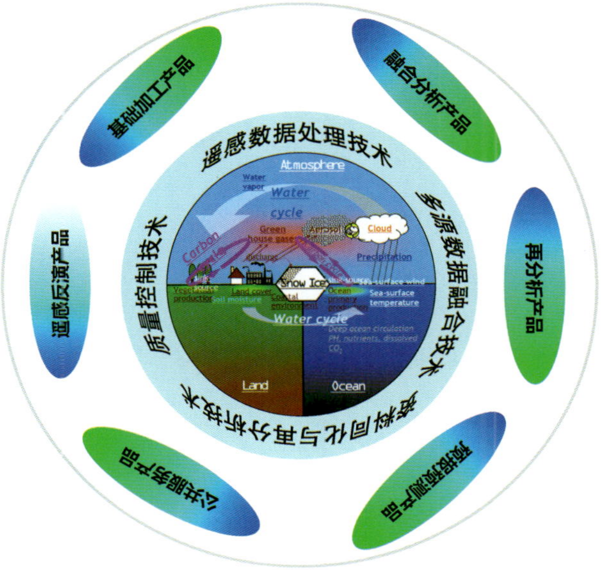

图 2-1　数据产品体系

1. 基础加工产品

主要包括整编数据产品和气候序列均一化产品，时间分辨率覆盖日、月、年及累年尺度等，产品形态包括站点和格点两种。整编数据产品是指基于质量控制与统计分析技术，加工形成的各类气象要素均值、极值、累计值及距平值等的数据集；气候序列均一化产品是指基于均一化检验与订正技术，通过校正台站迁移、仪器改变、观测系统改变、环境变化等非自然因素对气候序列的干扰而得到的数据集。

基础数据序列长度可达百年，主要用于全球或区域性气候变化的监测和检测（图 2-2）。

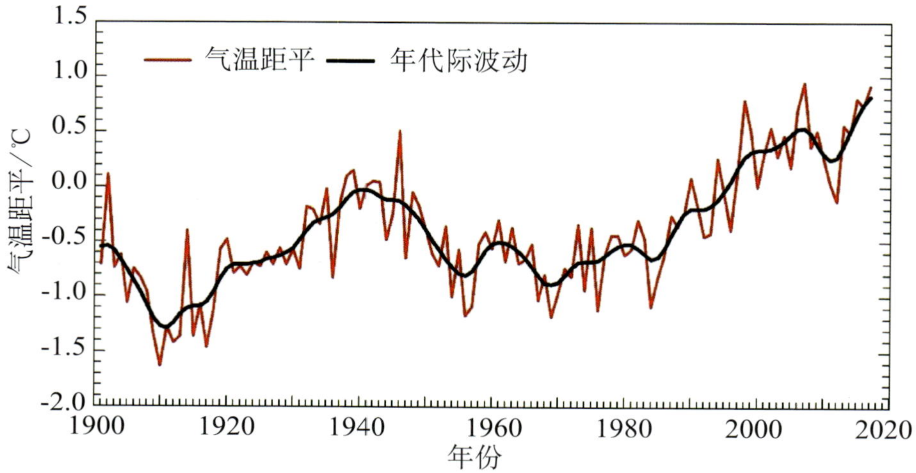

图 2-2　1900—2017 年中国气温距平序列①

2. 遥感反演产品

包括卫星反演产品、天气雷达产品、风廓线雷达产品、雷电产

① 中国气象局．中国气候变化蓝皮书［R］．中国气象局国家气候中心，2018.

品、GNSS/MET 水汽数据产品等。

卫星反演产品（如台风、暴雨、雾霾等产品）、天气雷达产品（如定量估测降水产品）、风廓线雷达产品（如 1 小时平均水平风场产品）、雷电产品（如 1 小时全国雷电危害预警分布图）、GNSS/MET 水汽数据产品（如大气可降水率），广泛应用于防灾减灾、环境监测、预报预测和气象服务中。

3. 融合分析产品

中国气象局初步建成了包括陆面、海洋等多个多源数据融合分析系统（主要融合分析产品见表 2-2），部分产品的空间分辨率达到 1 千米，时效可至分钟级。其中，降水产品精度达到国际领先水平，满足天气气候业务、科研和公共服务等需求。

表 2-2　中国气象局主要融合分析产品

产品名称	要素	区域	时间分辨率	空间分辨率
陆面要素融合产品	降水、气温、气压、风、湿度、短波辐射、能见度、土壤温度、土壤湿度等	中国/亚洲	逐小时	6.25 千米
海表气象要素融合产品	海表温度、洋面风、海冰	全球	逐日	25 千米
三维大气、三维云融合产品	云量、云顶高度、云类型、云水、云冰、气温、湿度、风等	中国	逐小时	5 千米

4. 再分析产品

中国气象局于 2013 年启动了全球大气再分析计划。5 年来，在对全球常规和卫星资料收集整理、评估、质量控制和偏差订正等处理基础上，利用全球预报系统和格点统计插值三维变分同化系统，研制了我国第一代全球大气再分析中间产品（CRA-Interim，2007—2016 年），与 ECMWF 产品具有可比性（表 2-3）。

表 2-3　中国-ECMWF 全球大气再分析技术指标对比

对比项目	ECMWF ERA5	中国 CRA-Interim
大气模式	IFS Cy41r2	GSM
模式边界条件	CMIP5 HadISST2.1	RTG _ SST CFSR+FNL 积雪/海冰
空间分辨率	全球 31 千米（T639） 垂直 137 层 模式层顶 1 帕	全球 34 千米（T574） 垂直 64 层 模式层顶 20 帕
时间跨度	2010—2016 年	2007—2016 年
观测来源	各种重新处理的观测数据集（辐射率、大气运动矢量、臭氧、掩星、散射计、高度计）	整合的常规观测数据集（含中国探空/地面/飞机报），重处理的大气运动矢量/洋面风，全球卫星辐射率资料
同化方法	10 成员集合四维变分（EDA，全天空微波辐射率同化）	三维变分（晴空辐射率同化）
变分偏差订正观测类型	辐射率，臭氧，飞机报，地面气压（离线的探空偏差订正）	辐射率，飞机报（离线的探空偏差订正）

5. 预报预测产品

中国气象局的 GRAPES 区域和全球同化预报系统已分别于 2006、2016 年实现了业务应用。其中，GRAPES 全球模式产品水平分辨率为 25 千米，垂直分层 60 层；GRAPES 区域模式产品水平分辨率为 10 千米和 3 千米，垂直分层 50 层（表 2-4）。

中国气象局第二代月动力延伸预测模式业务系统（DERF2.0）和第二代季节气候预测模式业务系统分别于 2014、2016 年投入业务应用，可提供全球范围大气日/旬/月/季尺度预测产品和海洋、陆面、海冰的月/季尺度预测产品，产品水平分辨率均为 110 千米，垂直分层 26 层。2015 年起，中国气象局次季节—季节（S2S）预测模式业务系统开始实时运行，可提供 0～60 天预测产品，产品水平分辨率为 110 千米，垂直分层为 40 层（表 2-4）。

表 2-4　中国气象局主要数值预报产品

产品名称	区域	水平分辨率	垂直分辨率
GRAPES_GFS	全球	25 千米	60 层
全球集合预报	全球	50 千米	60 层
GRAPES 区域集合预报	中国	15 千米	50 层
GRAPES_MESO	东亚	10 千米	50 层
GRAPES_MESO	中国东部	3 千米	50 层
台风模式	西太平洋	12 千米	50 层
亚洲沙尘暴模式	亚洲	54 千米	地面
海浪模式	全球	30 千米	—
DERF2.0	全球	110 千米	26 层
第二代季节气候预测模式	全球	110 千米	26 层
S2S	全球	110 千米	40 层

2017 年，中国气象局智能网格预报业务正式运行，预报产品主

要包括：降水、温度、相对湿度、云量、10 米风和能见度等基础要素产品，雷暴、雷雨大风、冰雹等强对流天气预报产品以及雾、霾、沙尘等环境预报产品，空间分辨率为 5 千米，时间分辨率为 3 小时，可从分钟到 10 天无缝隙衔接。

此外，中国气象局还形成了由日/周/月/年报、警报、现报及定制专报组成的空间天气预报产品体系，涉及太阳活动、电离层、中高层大气等关键区域，为载人航天、卫星发射等重大活动以及航天、民航、导航等空间天气保障提供了重要支持。

中国气象局已形成全国区域定量降水预报、全国区域灾害性天气落区预报、全国气象灾害风险预警、天气图分析、文字预报、城市天气预报、全国区域定量降水估测、国外落区天气预报等 8 类预报产品体系，并提供台风风场精细化格点预报、台风定位、台风快讯、全国农业气象周报、全国农业气象影响预报与评估、格点化气象要素预报、次季节—季节尺度气候预测等产品。在天气预报、气候预测和灾害性天气预警中发挥着重要作用。

6. 公共服务产品

面向行业气象服务、社会公众服务及气象防灾减灾，中国气象局发布国家预警信息、全国主要公路气象预报、全国省会城市紫外线强度预报、全国森林火险气象预报、全国草原火险气象预报、全国高温中暑气象预报、未来一周森林火险气象预报等公共服务产品，服务产品种类多、覆盖面宽，全国公众气象服务满意度持续提升[①]。此外，为提高社会公众灾害防御意识，中国气象局通过中国

① 中国气象局．中国公共气象服务（2017）［M］．北京：气象出版社，2018.

气象科普网、微博/微信、短信、E-mail 邮箱等方式，向社会发布灾害防御、气候变化、气象观测、气象服务、气象科技等宣传与科普产品，产品形式包括数据产品、图片、音频、视频、文档、动画等。

（三）互联网气象数据

中国气象局通过互联网广泛收集气象数据，包括研究机构、企业、志愿者等在气象探测设备、智能终端上搭载的气象要素传感设备获取的探测数据，拍摄上传的天气状态、气象灾害灾情照片等社会化气象数据，搜索引擎对气象相关敏感词的统计分析数据，以及气象信息传播主体、服务用户反馈信息等。此外，还通过全国 11.7 万气象信息员收集全国气象灾害实况数据，通过互联网收集火山灰、天气雷达图像、全球飓风等多种气象科学数据，通过中国天气通等移动 APP 采集天气实况图像数据。

2018 年，中国气象局启动了社会气象观测行动计划，未来将“基于微型气象传感器以及移动互联、云计算、大数据分析等先进技术，利用社会众筹和政府购买服务相结合的发展模式，建立政策引导、市场主体和业务融合的公众参与式社会气象观测体系”，探索将社会气象观测与百万量级通信铁塔设施资源结合，搭载气象观测设备，建设志愿观测站的新模式。

三、气象大数据共享服务

（一）数据开放共享政策

中国气象局通过政府主导气象数据利用，引导市场提供服务补充政府服务能力，使气象数据的使用和开放共享程度不断提高，满足公众日益增长的数据服务需求，气象数据开放共享政策历程见图 3-1。

1999 年 10 月 31 日，《中华人民共和国气象法》生效，在法律上明确规定了“气象部门要把公益服务放在第一位”，并把有偿服务作为气象信息产业化的有机组成部分。

2001 年 11 月 27 日，中国气象局发布《气象资料共享管理办法》，率先启动气象科学数据共享试点工作①。

2015 年 3 月 6 日，中国气象局发布《气象信息服务管理办法》，鼓励依法设立并从事气象信息服务的法人和组织，开展面向用户需求的信息服务活动。

2015 年 8 月 31 日，国务院正式印发《促进大数据发展行动纲要》；9 月 29 日，中国气象局制定并公布了《基本气象资料和产品共享管理办法》，依托中国气象数据网向社会免费提供基本气象资料和加工产品共享服务。

2017 年 12 月 11 日，中国气象局组织制定了《气象大数据行动

---

① 秦大河．科学数据共享：国家资源有效利用的必然选择——以中国气象局资料共享工作为例［J］．中国基础科学，2003，(1)：24-29.

图 3-1　气象数据开放共享政策历程

计划（2017—2020 年）》，加快推进气象大数据云平台建设和气象大数据的众智众创应用。

2018 年 2 月 13 日，科技部、财政部印发《国家科技资源共享服务平台管理办法》；3 月 17 日，国务院印发《科学数据管理办法》；7 月 6 日，中国气象局印发《风云气象卫星数据管理办法》，最大限度向全社会开放风云气象卫星数据。

（二）数据开放共享现状

1. 面向政府部门数据共享

全国气象部门通过电子政务平台等方式向各地各行业提供气象数据支撑，年服务量超过 500 TB。其中，每日通过国家气象信息中心向自然资源部、水利部、生态环境部、应急管理部等政府部门实时推送的数据量达 1.1 TB。

2. 面向社会公众数据服务

中国气象局主要通过中国气象数据网、风云卫星遥感数据网、中国天气网向社会公众提供数据服务。

（1）中国气象数据网服务

中国气象数据网是中国气象局向社会和公众提供数据服务的门户网站，免费提供地面、高空、气象卫星、天气雷达、数值天气预报等基本气象资料产品，并开通了“气象防灾减灾”“气象一带一路”等数据服务专题。

目前，已有 2000 余家科研教育机构和近千家企业在中国气象数据网注册（图 3-2），个人注册用户数突破 20 万，访问量超过 1.7 亿人次，共享服务数据量超过 30 TB，开放共享的气象数据在交通运输、新能源、农业、移动互联软件开发和服务、公共管理及基于大数据技术的智慧城市、智慧交通、智慧粮食等领域得到广泛应用。在线问卷调查显示，气象数据开放带来的直接或间接经济效益超过 12 亿元。

（2）风云卫星遥感数据网服务

风云卫星遥感数据网是中国气象局向社会和公众提供卫星遥感数据服务的门户网站，免费向各类用户提供风云气象卫星、中国碳

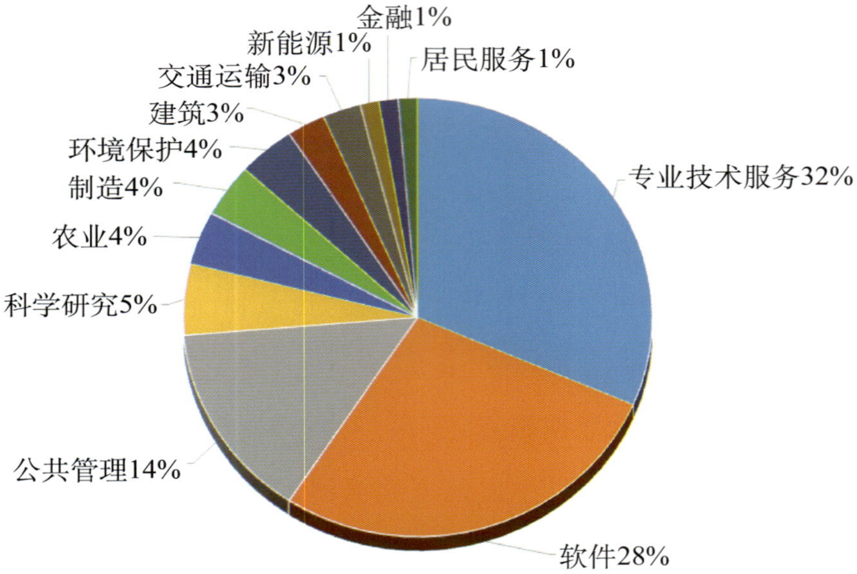

图 3-2　中国气象数据网注册企业用户行业分布

卫星及相关卫星数据。

2017 年，对外共享数据超过 3 PB，为 80 多个国家提供卫星遥感数据共享服务。服务领域包括气象、遥感、环境、航空航天、农林牧渔、建筑、电力、水利、汽车、石油、医学等。

（3）中国天气网服务

中国天气网是中国气象局面向社会和公众的气象服务门户网站，开设了预报预警、气候变化、交通、环境等 200 多个栏目，与人民网、新华网、百度、腾讯等 30 多家网站共建天气频道，向公众提供精准、及时的天气预报和实况信息。

在重大天气事件与重要活动气象保障期间，及时向公众提供天气现场、专家解读等权威独家气象信息，单日最高浏览量超 6 千万人次。在跨行业应用创新方面，中国天气网将气象数据与不同企业数据融合分析，有效提高了相关企业投资效益。

3. 面向教育科研数据支撑

截至2017年，各级气象部门已累计为清华大学、北京大学、中国科学院、中国社会科学院等上千家高校院所的2480项科研项目提供了气象数据支撑，其中国家高技术研究发展计划、国家重点基础研究发展计划、国家科技支撑计划、国家自然科学基金项目等7个项目类型达1474项（表3-1），用户应用气象数据发表论文和论著成果1200余项（表3-2），充分体现了气象数据价值。

表3-1 气象数据服务科研项目数量统计表

科研项目类型	数量（项）
国家高技术研究发展计划	169
国家重点基础研究发展计划	88
国家科技支撑计划项目	81
重大工程项目	62
国家自然科学基金项目	958
中国科学院知识创新项目	15
社会公益研究专项基金	101
其他科研项目	1006
合计	2480

表3-2 气象数据直接支撑科技成果统计表

科技成果类型	2015年	2016年	2017年	合计
发表论文、论著、成果（篇、部、项）	370	383	459	1212

四、气象大数据共享应用成效

（一）支撑国家重大发展战略

中国气象局牵头建设的国家突发事件预警信息发布系统，实现了对暴雨、台风等自然灾害实时监测、对突发事件实时动态化跟踪。2017 年，全国共发布预警信息 213824 条，成功避让地质灾害 1016 次，预警信息公众覆盖率达到 85.8%，气象灾害造成的人员伤亡和经济损失占 GDP 的比重逐年下降，逐步成为政府智能决策的有力助手。

广东省气象局将智能网格预报“一张网”与防灾减灾“一张图”融合（图 4-1），实现了向特定区域、特定人群、分灾种选择适合渠道一键式发布精准预警信息，为防灾抗灾争取了更多时间。2016 年发布各类应急信息超过 10 亿条，因气象灾害死亡人数同比下降 36%，全年防台风实现人员零死亡。

湖北省气象局与长江水利委员会、湖北省水利厅合作，建成统一共享数据库，实现对集成后雨量数据的统一质量控制、统一分析和结果共用。

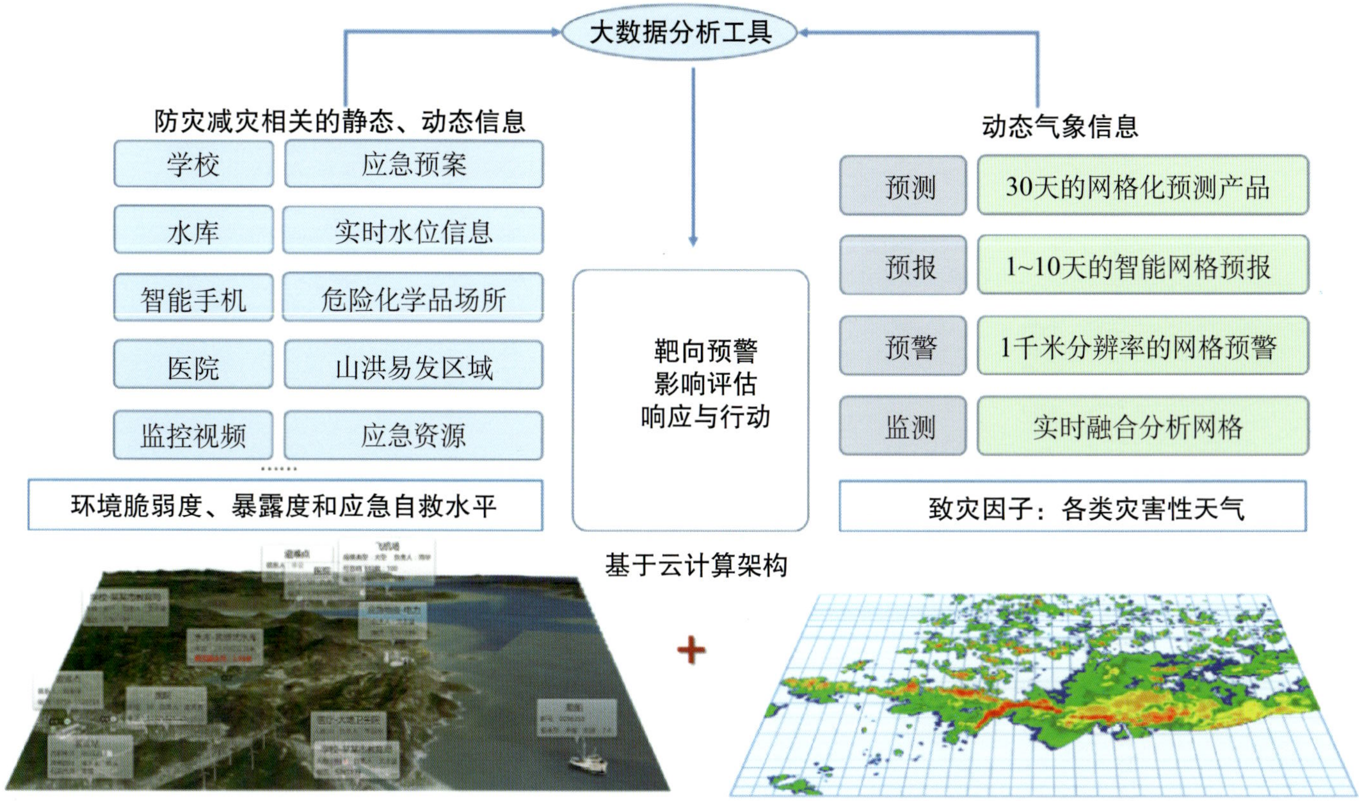

图 4-1 防灾减灾“一张图”与气象预警预报“一张网” 构建大数据决策预警系统

（二）支撑生态文明建设和气候变化应对

中国气象局致力做好“打好蓝天保卫战”“保护生态红线”“京津冀大气污染防治”等国家重大战略气象保障工作，基于风云四号A气象卫星数据分析实现了霾区范围和强度的动态、定量监测；将风云气象卫星、国外卫星数据相结合，对太湖蓝藻爆发事件应急、蓝藻水华治理提供了综合决策支持（图 4-2）；开展了全球大气环境监测服务，有效支撑了生态文明建设。

图 4-2　太湖蓝藻水华卫星监测

新疆维吾尔自治区气象局为中亚地区气候变化和水资源评估提供基础数据，提高中国西北寒旱区应对气候变化的能力。

（三）气象数据开放激活万众创新

数据开放也为个人用户搭建起了气象专业数据与个人专业领域结合应用的平台，从而产生出更多的增值服务、个性化服务，为社会经济发展提供新的动力。

到2017年，中国气象数据网和风云气象卫星遥感数据网累计注册个人用户超过20万人。从用户所处行业领域看，排名前5的依次为教育（28.6%）、地球科学（13.3%）、环境与安全（8.3%）、气象（8.0%）、工程与技术科学（7.4%）（图4-3）。

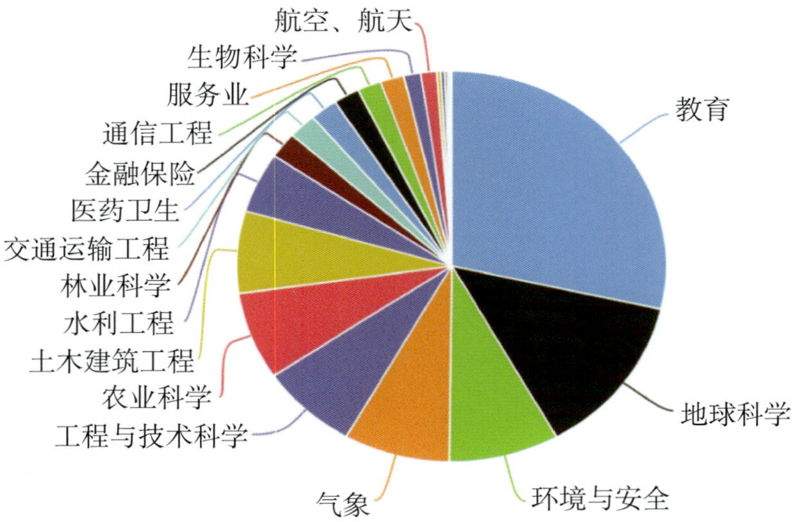

图4-3　个人注册用户的行业领域分布

按用户所在地域分，排名前5的依次为北京市（13.9%）、江苏省（8.2%）、广东省（7.1%）、上海市（5.4%）、湖北省（5.3%）（图4-4）。

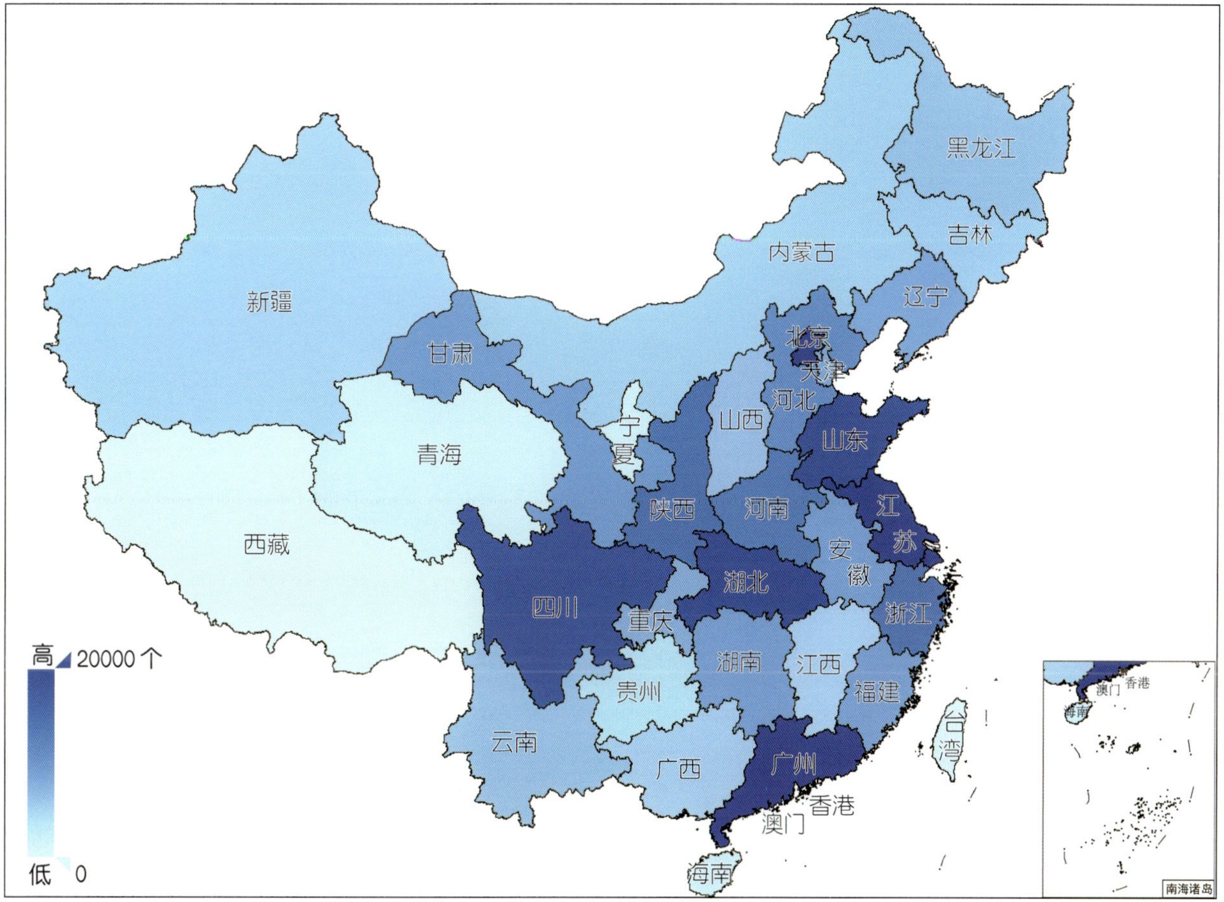

图4-4 全国气象数据开放注册用户的地域分布

（四）融入社会经济与人民生活

随着气象数据开放共享程度的提高，气象信息服务市场也逐步壮大，依托气象数据生成的公众气象服务产品层出不穷，气象信息服务行业呈现出前所未有的活力。

将预报产品与用户位置信息融合，为用户出行提供了个性化精准服务。收集天气时景信息，运用人工智能和大数据分析技术，使得天气实况发布、灾害性天气识别和灾情评估更准确。

将气象数据与交通数据、物流数据融合，为用户提供了精准道路气象服务产品，降低出行风险，提高运营效率，改善用户体验。（图 4-5）。

“气象＋新零售”，将天气大数据与物流、仓储、营销管理等信息进行融合分析，提高了零售企业有效产能，减小和规避了气象因素造成的风险。

“气象＋医学＋环境科学＋社会学”，不同领域数据、理论和技术融合形成的感冒、儿童哮喘、中暑等疾病气象环境风险预报技术，为多发病和慢性病预防提供了技术支撑（图 4-6）。

实践证明，气象数据开放培育了气象大数据产业发展，有效促进了社会力量参与气象信息服务，激发了市场活力和企业创新，社会企业为公共气象服务的能力和水平提升发挥了积极作用，也为经济社会发展和人民群众生产、生活提供了更多优质的气象服务保障。

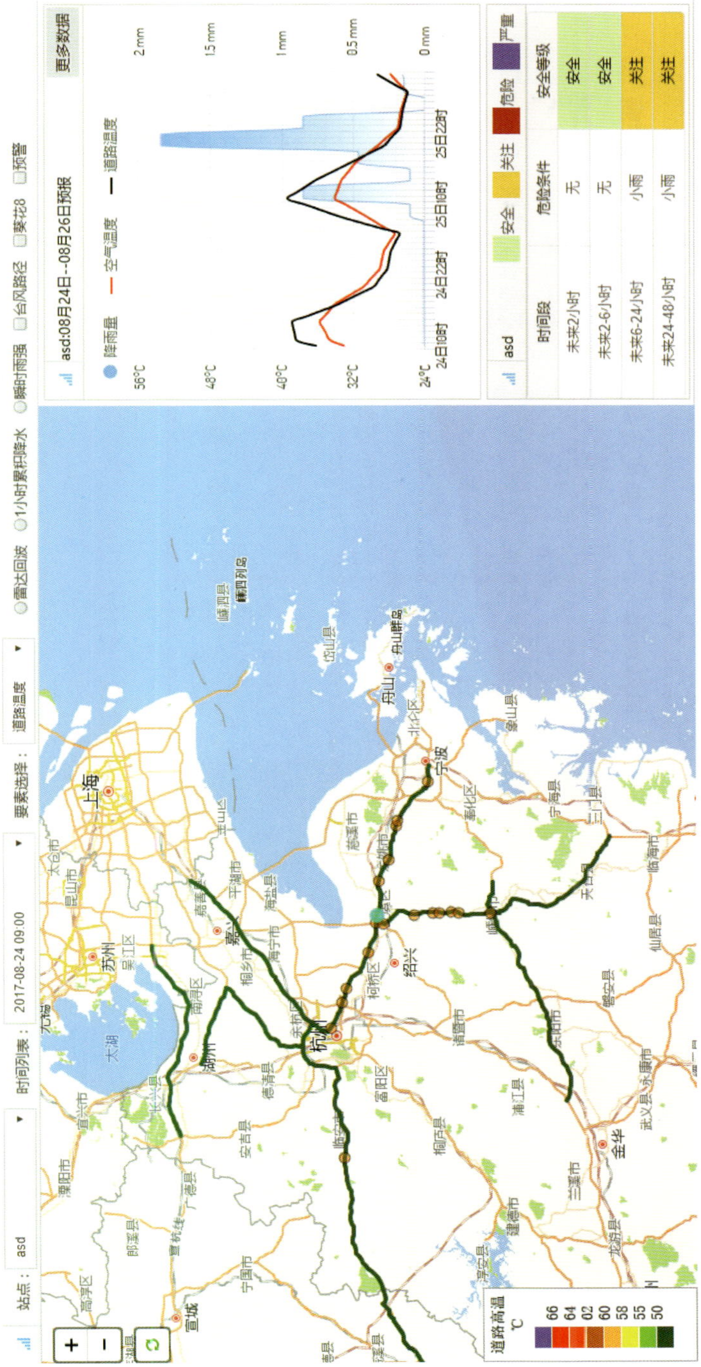

图 4-5 精准道路气象服务平台

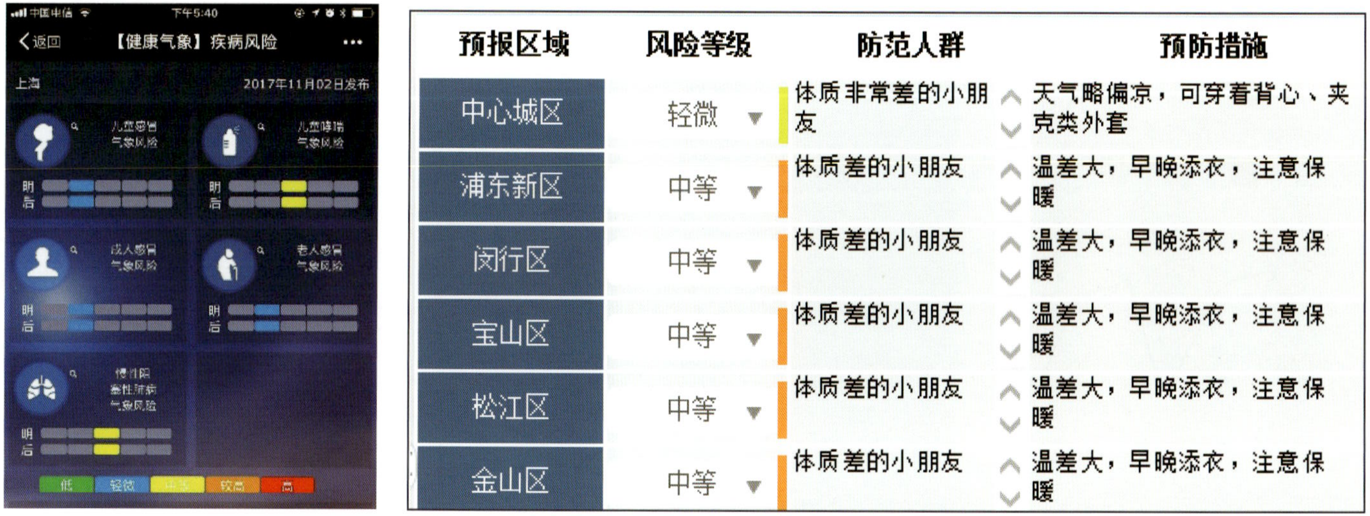

图 4-6　健康气象预报服务

（五）融入行业协同发展

中国气象局重视和支持气象大数据在农业生产、城市运行管理、城乡规划评估、山洪地质灾害防治、水情监测、森林火险预警监测、交通与旅游安全保障、公共卫生安全管理、海上作业与救助等领域的应用，这里选取农业、清洁能源、电力和交通运输等行业为例，简要介绍气象数据在上述领域的融合应用。

1. 智慧农业应用

我国耕作机制南北差异大，气候复杂多变，灾害频繁发生，将气象大数据与农业生产紧密结合是支撑现代农业精准化发展的重要手段。主要应用领域包括：①暴雨、洪涝、干旱、冻害等影响农业生产的天气气候事件预报预警；②农作物种植面积、作物长势遥感监测；③农产品产量预估与气候品质认证；④农业气象灾害风险普查、农业受灾面积调查和受灾损失评估；⑤农田小气候监测、建设智能化农业温室；⑥针对农作物生长期的精准灌溉、精确施肥指导。

福建省气象局研发了“农气宝”移动式小气候监测应用系统，向种植户推送实时监测信息和棚内气象预报产品，实现了面向种植户“一棚一测一报一送一控制”等个性、直通服务，目前已覆盖福建省 10 个地（市）73 个县 1000 个设施基地。根据用户抽样调查结果，使用服务平台可增加经济效益 21.1%，减少气象灾害损失 25.7%，投入产出比达 1∶19。

2. 智慧城市应用

气象大数据是“智慧城市”[①] 建设不可或缺的组成部分，是为城市规划建设提供气候可行性的基础数据，可为城市运行管理提供精准的气象监测与预报数据。主要应用领域包括：①城市热岛实时监测；②城市排水、供电、供暖、交通智能管理的支撑；③城市内涝等灾害防御；④基于位置的个性化实况及预报服务。

天津市气象局应用物联网技术，自主研发积水监测设备，实时采集两万个监测点积水实况数据，实现积水信息的智能化监测、定位和管理，使暴雨预警向内涝风险提示转变，最终实现基于用户定位和用户请求的预警信息靶向推送。

3. 风能、太阳能应用

我国风能、太阳能资源丰富，仅就太阳能资源而言，每年到达中国陆地表面的太阳能资源理论总量为 5.28×10^{16} 兆焦耳，占全球陆面的 6.8%[②]。随着我国对清洁能源重视程度的提升，气象大数据在光伏、风电等能源行业的应用需求越来越高。主要应用领域包括：①清洁能源开发、电站宏观选址支撑；②辅助太阳能板、风力涡轮机设计、配置和布设决策；③太阳能、风能输出功率实时预报，提高清洁能源的利用率。

中国气象局建立了风能资源评估系统（WERAS/CMA），基于不同天气分型开展数值模拟，对全国风能资源分布状况进行评估。

---

① 李德仁，邵振峰，杨小敏．从数字城市到智慧城市的理论与实践［J］. 地理空间信息，2011，9（6）：1-5.

② 《中国气象百科全书》总编委会．中国气象百科全书·气象预报预测卷［M］．北京：气象出版社，2016.

据测算，当数值预报精度提高 2%，以“三北”地区为例，将至少提高清洁能源利用率 10%以上，相当于每年多接纳新能源电量 50 多亿千瓦时，间接经济效益超过 25 亿元。

4. 电力领域应用

高时空分辨率的天气预报和降水（内涝、地质灾害、山洪和中小河流洪水）、大风、电线结冰等风险预警专项预报及灾害性天气预警产品，能够辅助开展风险管理，为电力部门实时精准安排电力设施气象风险隐患排查、风险应急备勤、电网安全运行调度等工作提供科学决策依据，在应急处置等工作中节约人力和物力资源。

广西壮族自治区气象局基于梯级水电站分布开展集雨区面雨量实时监控和强降水自动识别，建立广西电力气象综合信息系统，在科学调水、增加产能等方面发挥重要作用。2013—2015 年广西水能利用率提高 4.0%～5.8%。

5. 交通运输应用

交通运输行业受天气因素影响大，对气象预报预警依赖度高。目前，多地气象部门已在高影响气象因子分析、交通运输灾害预警、道路交通科学管理等方面开展了很多有益工作。

北京市气象局针对城市交通高影响天气（强降雨、强降雪、大雾或道路结冰等），将模式预报、实况数据与北京地区公众出行规律、车流量、驾驶行为等数据进行融合，支撑智慧交通管理，缓解首都交通拥堵。

甘肃省气象局开展了境内高速公路交通气象灾害隐患点信息普查，将气象数据与交通事故信息相结合，建立了甘肃省交通气象行业数据信息库，实现了各隐患点主要气象灾害、易发季节和时段早知道。

山东省气象局推动山东高速智慧交通系统中气象服务信息和数据的深层次应用，实现了气象信息与交通路况信息、道路事故信息等的紧密叠加和分析。

6. 物流货运应用

港口生产与天气关系密切，大风、海雾、雷电、台风等海上常见灾害性天气都会给航道通行和港口作业带来严重影响。宁波市气象局将气象、海洋水文、船舶、港口调度、海事管制等信息融合并可视化，建立了由港口专业预警信号、港区气象安全指数、动态船舶风险等级预报等组成的服务产品体系和多方共享指挥平台（图 4-7），协助海事局、港调、引航站及其他涉港单位更加直观、准确地分析、解读天气，减小安全事故发生可能，有效提升港口运营水平。

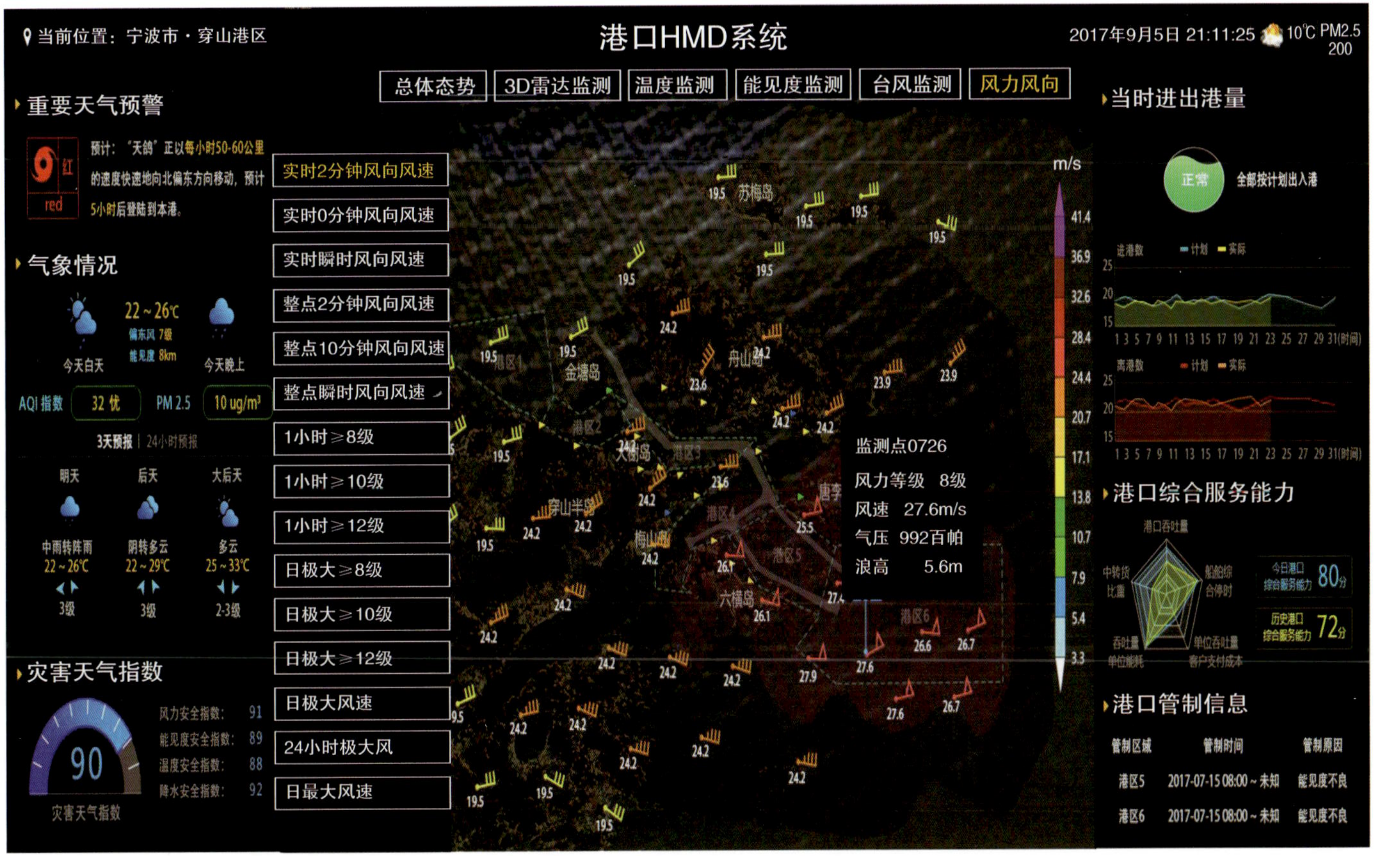

图 4-7 宁波市穿山港口精细化气象预警与决策系统

（六）融入全球气象发展

大气无国界。为促进全球生态安全，中国气象局积极参与全球气候治理、应对气候变化，形成共商、共建、共享、开放新格局。特别是提供全方位气象服务保障，推动“一带一路”建设。

1. 支撑全球气象资料共享

中国气象局承担世界气象组织全球信息系统中心职能，通过多种途径收集共享卫星、地面、高空、海洋、数值预报模式等全球气象资料；承担世界数据中心中国气象学科中心任务，向应用部门和用户提供气象信息服务；承担世界气象组织卫星数据收集和产品中心的任务，接收风云卫星数据并制作成产品，通过世界气象组织信息系统为各国用户提供数据服务。

2. 提升区域数据服务能力

中国气象局通过加强与周边国家合作、建立信息共享机制，推动数据交换融合，加强对气候变化、自然灾害、粮食安全及水资源等重点领域的决策支撑。目前，伊朗、孟加拉、印度尼西亚、马尔代夫等国家（图 4-8）已装备了中国气象局气象数据卫星广播系统（CMACast）。中国气象局与香港天文台合作共同建设亚洲区域预警系统，推进预警信息共享，扩大了国家预警发布系统的国际化影响力，提升了区域服务和联动能力。

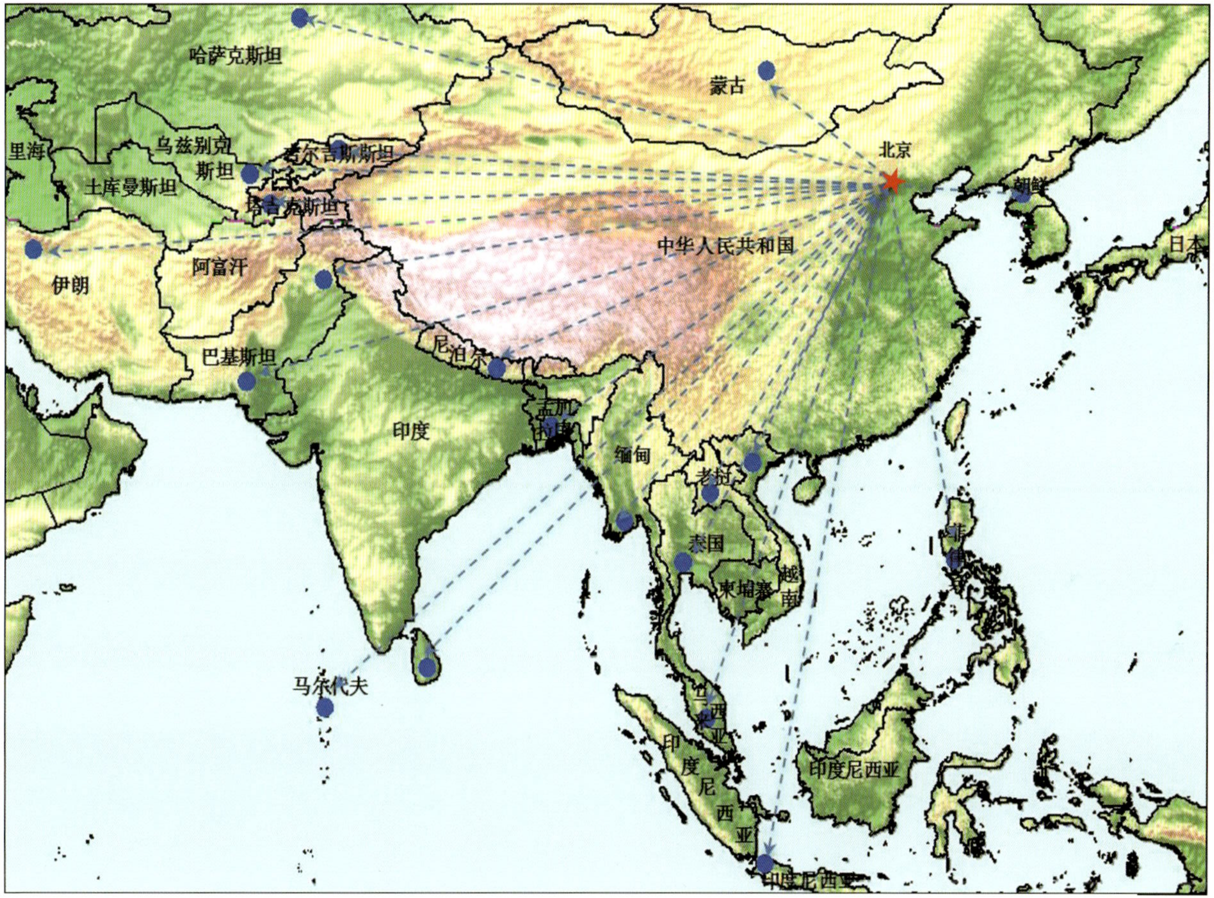

图4-8　中国气象局气象数据卫星广播系统(CMACast)海外用户分布

五、气象大数据发展展望

中国气象局将继续按照“创新、协调、绿色、开放、共享”五大发展理念，切实落实《促进大数据发展行动纲要》（国发〔2015〕50号），集合部门内外力量推动气象大数据资源的汇聚互联、共建共享、挖掘应用。提供高质量、高标准和优质体验的数据服务。

1. 加强气象大数据法规制度建设

大数据发展涉及数据流动和数据主权、数据安全风险、数据隐私和知识产权保护等问题。不断完善气象大数据收集、管理、服务等标准规范体系，健全气象大数据安全管理、流动权益、知识产权保护、用户管理及信用评价等制度，切实保障气象大数据的流通和安全，保证气象大数据应用的科学规范化，激活众创发展、众智创新热情，逐步形成气象大数据开发应用的众智众创生态环境。

2. 提升气象大数据资源服务内涵

继续拓展气象大数据收集渠道，推进社会化观测数据的收集，提升数据资源广度，联合行业部门，共推行业融合，实现共赢发展。对社会公众，通过多元激励机制，丰富数据资源，营造众创支撑的生态环境；加强气象大数据质量评估与分析、可视化技术研发，推进气象大数据分析和应用，提升数据应用深度。

3. 推进气象大数据跨域融合应用

加强气象大数据应用关键技术研发，综合应用多源数据关联性分析、机器学习等技术，推进气象大数据和跨行业、跨领域等多源数据的价值挖掘，通过数据挖掘实现由“数据服务”到“知识服务”的转变，向社会各类用户提供气象数据专题服务。

附录/APPENDIX

气象大数据相关网址

1．中国气象数据网：http：//data. cma. cn/

2．气象科学专业知识服务系统：http：//meteor. ckcest. cn/

3．中国天气网：http：//www. weather. com. cn/

4．风云卫星遥感数据服务网：http：//data. nsmc. org. cn

5．气象知识官方网：http：//www. qxzs. org. cn/

6．中国气象科普网：http：//www. qxkp. net/

7．中国气象局气象科普园地：http：//www. cma. gov. cn/kppd/

8．中国气象标准化网：http：//www. cmastd. cn/